房间里面都有什么

数的认识

贺 洁 薛 晨◎著 徐彦琪 哐当哐当工作室◎绘

U0240908

数学的
萌芽

北京科学技术出版社

今天是星期六，倒霉鼠在自己的房间里睡懒觉。

1 像铅笔细又长，*2* 像小鸭水上漂，*3* 像耳朵听声音。

　　他的房间里有 **1** 张床，**1** 盏台灯，**2** 只拖鞋，**2** 个床头柜。每个床头柜有 **3** 个抽屉，其中一个床头柜上面有 **3** 本书。

　　小耳朵妈妈在厨房里忙碌着，她要给倒霉鼠做一顿可口营养的早餐！

4 5 6

4像小旗飘呀飘，5像鱼钩能钓鱼，6像哨子大圆肚。

柜子里有 **4** 个鸡蛋，还有 **5** 个面包，小耳朵妈妈还准备了 **6** 颗草莓。倒霉鼠可喜欢吃草莓了！

　　"吃完饭，我们一起去买一些新鲜的蔬菜和水果。"小
耳朵妈妈说。

789

7像镰刀割青草，8像麻花拧了拧，9像勺子能盛汤。

"我们要买**7**个椰子，大眼镜爸爸最喜欢喝椰子水；还得买 **8** 个土豆，用来做薯条；再买**9**个西红柿，做意大利面的酱汁。"

吃完早饭，小耳朵妈妈开车带着倒霉鼠出发了。

/ 0

10 像铅笔加鸡蛋。

　　周末，来菜市场采购的人可真不少！我们来数一数，
停车场里有几辆车呢？不多也不少，整整 **10** 辆车！

　　卖椰子的大叔会帮顾客把椰子装进袋子里，每个袋子能装 2 个椰子。大叔装了 6 个椰子后，把余下的 1 个椰子交给了倒霉鼠。

数某样东西时，两个两个地数，如果剩下一个，那么这样东西的数量就是**单数**。

　　卖土豆的阿姨的袋子有些小，每个袋子也只能装 2 个土豆。8 个土豆被两个两个地装进袋子里，刚刚好。

数某样东西时，两个两个地数，如果没有剩下的，那么这样东西的数量就是**双数**。

　　小耳朵妈妈会把自己要买的东西记下来，今天还要去超市买 9 个西红柿，小耳朵妈妈有 3 种记录的方法。

　　第一种方法：画出 9 个西红柿。

　　画西红柿可不简单，不信你可以试一试。

　　第二种方法：画 9 个圆圈，每个圆圈代表 1 个西红柿。

　　可圆形的蔬菜有很多种，想不起来圆圈代表哪种蔬菜时怎么办呢？

第三种方法：在纸上写下"西红柿，9个"。

这 3 种方法，你觉得哪种更好呢？为什么？

买完东西后，小耳朵妈妈去收银台结账。哇！排队的人可真不少啊！

1个、2个、3个、4个、5个、6个、7个、8个、9个！
小耳朵妈妈是第9个等待结账的顾客。

倒霉鼠和小耳朵妈妈开车离开后，停车场还有 5 个空车位，入口处有 6 辆汽车在排队准备进入停车场。这些车都能找到车位吗？

啊！最后一辆车没地方停啦！

6 辆车里只有 5 辆车可以找到停车位，因为 6 比 5 多 1。

"**1**把椅子，**3**个杯子，**5**条小鱼，**7**本书，**9**朵花。"

数数真好玩！回到家，倒霉鼠让妈妈帮忙给客厅里摆放的物品贴上了数量标签。

倒霉鼠收到一块手帕，上面有好多数字。

请你读一读这些数字，然后按从小到大的顺序写在方格里。

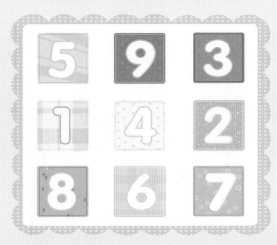

10

单数和双数

读完故事，你能说说，1~10中哪几个
数是双数，哪几个数是单数吗？

24